Jaswinder Badwal
Jaira Inalao
Crystalynne Cortez

Desenvolvimento de um sistema de cacifos biométricos baseado em microcontroladores

Jaswinder Badwal
Jaira Inalao
Crystalynne Cortez

Desenvolvimento de um sistema de cacifos biométricos baseado em microcontroladores

Utilizações das impressões digitais para medidas de segurança e sua aplicação.

ScienciaScripts

CAPÍTULO 1

O problema e o seu contexto

Introdução

O furto é um dos principais problemas nas escolas e nos escritórios. Para minimizar estes incidentes, foram desenvolvidos vários meios para proteger objectos e documentos. A maioria das universidades e dos gabinetes utiliza cacifos e armários para guardar ficheiros, objectos e documentos importantes por razões de confidencialidade e segurança.

No entanto, alguns cacifos estavam equipados com cadeados normais e eram partilhados por dois ou mais utilizadores. Os cacifos partilhados não garantem a segurança total dos bens, uma vez que os cadeados normais podem ser abertos à força. Além disso, os outros utilizadores não sabem o que os seus colegas retiram dos cacifos partilhados. Isto pode resultar numa violação da privacidade.

Para limitar ou mesmo evitar o roubo de cacifos, o estudo desenvolveu um cacifo biométrico que envia a palavra-passe ao utilizador por mensagem de texto. Isto ajuda a melhorar a segurança e a privacidade.

Antecedentes do estudo

Foram registados vários incidentes de roubo de cacifos. Um incidente ocorreu em 21 de outubro de 2012 no Mall of Asia Arena, onde os cacifos dos jogadores da Meralco PBA foram saqueados. Nessa ocasião, perderam-se objectos pessoais e dinheiro (Jole, 2012). Outro incidente ocorreu em 27 de outubro de 2013 em Indianápolis, onde milhares de dólares foram roubados de um balneário durante um jogo de futebol americano do liceu na Howe High School. Foram roubados telemóveis, auscultadores, cartões de débito e de crédito, computadores portáteis e dinheiro (Kirschner, 2013). Com cadeados normais e fechaduras normais, o roubo é normal.

A biometria é considerada um dos métodos mais eficazes no que respeita à segurança. De acordo com o artigo "O que é a biometria?" no Easyclocking.com, a biometria é uma técnica automatizada de reconhecimento de uma pessoa com base nas suas características físicas, como o rosto, as impressões digitais, a geometria da mão, a caligrafia, a íris, a retina, as veias e a voz. Os dados biométricos são diferentes das informações pessoais, não podem ser rastreados para reconstruir informações pessoais e não podem ser roubados para cometer furtos.

Um scanner de impressões digitais melhora a segurança graças às suas duas funções básicas. Primeiro, capta a imagem do dedo do utilizador. Em seguida, o sistema compara-a com os vales e os picos da imagem armazenada na base de dados. O sistema biométrico filtra a imagem e armazena-a sob a forma de códigos binários. Estes códigos são utilizados para autenticar e reconverter a data na imagem. Isto garante que não existem impressões digitais duplicadas ("What is Biometric?", 2013).

O estudo utiliza dados biométricos em cacifos para proteger objectos pessoais e confidenciais. O sistema utiliza a impressão digital para bloquear e desbloquear o cacifo sempre que o utilizador necessitar. Se o sistema detetar uma impressão digital não reconhecida, é enviada uma palavra-passe para o número de telemóvel do utilizador para abrir o cacifo.

Objectivos

O objetivo do estudo era desenvolver um protótipo de cacifo biométrico capaz de enviar a palavra-passe do utilizador.

Em particular, o estudo teve como objetivo

1. Conceber e programar um circuito baseado num microcontrolador que execute as seguintes tarefas:

    1.1. Digitalizar as impressões digitais do polegar e do indicador e registar estas amostras no sistema;

    1.2. Desbloquear o cacifo através da autenticação por impressão digital ou palavra-passe ;

    1.3. Envia uma mensagem de texto com a palavra-passe quando é detectada uma impressão digital não reconhecida ;

    1.4. Funciona com bateria de reserva em caso de falha de energia.

2. Testar o desempenho do protótipo em termos da sua capacidade de :

    2.1. Abrir o cacifo através de um scanner biométrico ou de uma palavra-passe ;

    2.2. Enviar uma mensagem de texto ao utilizador ;

    2.3. Funciona com uma bateria tampão.

Âmbito de aplicação e limites

O estudo envolveu a conceção, o desenvolvimento e o teste de um cacifo biométrico. O sistema pode registar quatro (4) impressões digitais. O polegar e o indicador foram utilizados como chaves para desbloquear o cacifo. Se for detectada uma impressão digital não reconhecida, é enviada uma mensagem de texto ao utilizador após a terceira tentativa, contendo a palavra-passe gerada que será utilizada para abrir o cacifo. Após a terceira tentativa de abrir o cacifo com uma impressão digital não reconhecida, é enviada ao utilizador uma mensagem de texto com a palavra-passe. Esta palavra-passe pode ser utilizada para abrir novamente o cacifo.

Além disso, o sistema pode funcionar tanto com corrente alternada como com corrente contínua. Em caso de falha de energia, é utilizada uma bateria de reserva.

O sistema pode ser utilizado para fins privados ou profissionais. Pode ser utilizado por estudantes, empregados, desportistas ou gestores. No entanto, o sistema não funcionará corretamente se o utilizador tiver problemas de pele.

Importância do estudo

O sistema biométrico de cacifos pode ser utilizado para melhorar e reforçar a segurança dos objectos pessoais aí guardados. O sistema pode ser utilizado em qualquer estabelecimento. Este projeto será particularmente útil nos seguintes domínios:

Em primeiro lugar, os estudantes e o pessoal. Este sistema protege o interior do cacifo e evita qualquer violação da privacidade. A capacidade do sistema de enviar uma palavra-passe pode alertar imediatamente o utilizador se alguém tentar abrir o cacifo.

Em segundo lugar, as empresas e as organizações. Isto ajudá-las-á a proteger os seus ficheiros de forma mais eficaz e a reduzir os casos de roubo de documentos.

Em terceiro lugar, os operadores de rede de cartões SIM, devido à integração da tecnologia GSM no sistema. Qualquer cartão SIM pode funcionar com o módulo GSM do sistema para permitir o envio de mensagens de texto.

E, finalmente, os futuros investigadores. Estes podem basear-se no estudo para ter ideias para novos melhoramentos ou para a inovação de uma nova tecnologia.

CAPÍTULO 2

Quadro concetual

Este capítulo é dedicado a uma análise de conceitos e estudos relacionados, tanto nacionais como estrangeiros, e ao quadro concetual, hipóteses e noções relevantes para a investigação.

Literatura concetual

A biometria é um dos sistemas de segurança mais comuns, utilizado em muitas empresas, grupos, administrações e residências. Os cadeados comuns garantem certamente a segurança dos objectos pessoais, mas a segurança que ofereciam não era suficiente, razão pela qual os sistemas biométricos são agora utilizados para a segurança.

Atualmente, as identidades são quase exclusivamente verificadas por um de dois métodos - por coisas que se podem levar consigo e por coisas que se podem recordar. A biometria não é nenhum destes métodos, porque é vista como a própria pessoa. As tecnologias biométricas utilizam métodos computorizados para identificar uma pessoa com base nas suas características físicas únicas, como o tom de voz, a forma da mão e as características ópticas, utilizando diferentes sensores. Estas características são únicas para uma pessoa e são frequentemente difíceis de falsificar ("Biometric and the Future of Identification", 2013). Estas características são mais pessoais do que os alfinetes de segurança e as impressões digitais nas fotografias de identificação podem identificar. Estes pontos foram designados por "pontos de Galton", que constituem a base da ciência da identificação de impressões digitais. Uma discussão sobre os pontos de Galton, denominados minúcias, é utilizada para desenvolver inúmeras tecnologias automatizadas de impressões digitais ("Fingerprint recognition", 2006).

Mayhew (2012) explicou o processo de identificação biométrica. Explicou que, primeiro, são recolhidos dados biométricos e, depois, o computador associa o utilizador às informações previamente transmitidas utilizando as mesmas características físicas. No entanto, nenhum sistema de identificação biométrica funciona na perfeição. Os problemas são geralmente causados por alterações nas características físicas. Cortes, fissuras e pele seca podem impedir o computador de reconhecer as características da pessoa e de a associar a outra pessoa ("O que é a identificação biométrica?", 2012).

A identificação biométrica tem duas fases: a captura e a comparação. Durante a captura, o computador regista os dados biométricos da pessoa e, durante a comparação, faz corresponder a pessoa aos dados recuperados ("Biometric identification", 2012).

De acordo com Mayhew (2012), a identificação de impressões digitais consiste em cristas e vales de impressões digitais. A impressão digital aparece geralmente como uma série de linhas escuras que representam a parte alta e afiada da pele do pente de fricção, enquanto o vale entre estas cristas aparece como um espaço branco e representa a parte baixa e plana da pele do pente de fricção. São utilizados diferentes tipos de sensores, como os ópticos, capacitivos, ultra-sónicos e térmicos, para captar a imagem digital da superfície de uma impressão digital. Destes tipos, os sensores ópticos são os mais utilizados ("What is Fingerprint Identification?", 2012).

Os sensores ópticos são acoplados a dispositivos de middleware. Mayhew (2012) explicou que o middleware biométrico é um software de autenticação que permite a utilização de diferentes dispositivos e tecnologias biométricas. Toma as decisões de correspondência tomadas pelas tecnologias de base para permitir a autenticação contra diferentes aplicações e recursos do PC. A autenticação através destes dispositivos pode permitir o acesso a sistemas operativos, aplicações ou outros recursos protegidos. O middleware é uma solução que reduz a dependência de um único tipo de hardware biométrico e permite aos utilizadores integrar novos dispositivos no sistema, conforme necessário ("Biometric Middleware", 2012).

A binarização, tal como explicado por Ravi (2009), é uma operação de pré-processamento que transforma uma imagem em escala de cinzentos numa imagem binária, definindo um valor de limiar. O filtro de blocos afina a imagem binarizada para reduzir a espessura de todas as ranhuras a um único pixel de largura e extrair as minúcias de forma mais eficiente. Ao extrair as minúcias, a posição das minúcias e os ângulos das minúcias são determinados. O número de cruzamentos foi utilizado para localizar os pontos de minúcias na imagem da impressão digital. Foi efectuada uma comparação de minúcias para comparar os dados de impressões digitais capturados com os dados originais. Os dados extraídos foram armazenados num formato raster para permitir uma comparação eficiente. Durante o processo de correspondência, cada minúcia de entrada foi comparada com a minúcia modelo. Em cada caso, as minúcias do modelo e os dados de entrada são seleccionados como pontos de referência para os respectivos conjuntos de dados (Ravi, Raja e Venugopal, 2009).

A tecnologia biométrica é versátil, uma vez que é utilizada em diferentes áreas e tem diferentes funções. Como escreve o conselho editorial (2013), a utilização de marcadores biológicos como as impressões digitais, os rostos e as íris para identificar pessoas está a passar rapidamente da ficção científica para a realidade. O Departamento de Segurança Interna desenvolveu o reconhecimento facial para utilizar câmaras de vigilância para detetar criminosos e suspeitos em grandes multidões. Anteriormente, era utilizado apenas pelos militares, mas está agora tão difundido que até as escolas e os hospitais o estão a utilizar. A sua introdução poderá tornar as informações sensíveis mais seguras do que os bilhetes de identidade ou as palavras-passe, que podem ser facilmente esquecidos, perdidos ou pirateados. Mas também tem o potencial de enfraquecer a privacidade, que se tornou um problema com as recentes fugas de informação sobre o controlo governamental das comunicações telefónicas e da Internet ("Biometric Technology Takes Off", 2013).

O sistema biométrico tem muitas aplicações. É geralmente utilizado para identificar uma pessoa, mas é agora também conhecido por ser um dos sistemas mais fiáveis em termos de segurança. De acordo com Chia (2012), o sistema de cacifos biométricos IDLinks, utilizado há algum tempo por um centro de emagrecimento em Singapura, é muito satisfatório para o utilizador. A principal razão para a introdução do cacifo foi o facto de os sacos de moda e caros dos clientes serem por vezes roubados ("Biometric Locker Access", 2012).

Os dados biométricos também podem ser utilizados para melhorar a segurança das fronteiras do país. De acordo com Kunakornpaiboonsiri (2013), as Filipinas utilizam procedimentos biométricos para documentar a chegada e a partida de viajantes internacionais. O novo sistema inclui a utilização de um dispositivo sem tinta e de uma câmara digital para registar as impressões digitais e as fotografias dos visitantes estrangeiros. Segundo o Comissário para a

Imigração, Ricardo David Jr., o sistema irá acelerar os processos de trabalho nos portos de entrada e garantir a fiabilidade do sistema de imigração, protegendo simultaneamente a privacidade dos viajantes. Ajudará também a evitar que os estrangeiros entrem no país com documentos falsificados e permitirá às autoridades identificar os estrangeiros que abandonam o país e ultrapassam o período de permanência ("The Philippines to Deploy Biometrics for Travelers Documentation", 2013).

A biometria pode também ajudar a reduzir o tempo necessário para as transacções. Este facto foi comprovado com o sistema de processamento biométrico do BNA.

De acordo com Spenser (2012), o sistema funciona como um centro nacional de intercâmbio de registos criminais e outras informações utilizadas pelas autoridades policiais nas Filipinas. O sistema também ajudou os empregadores a verificar pessoas sem registo criminal. Graças ao sistema de apuramento biométrico, os clientes puderam obter uma autorização em 5 a 10 minutos, em comparação com os 10 a 15 dias anteriores. Nesses 10 minutos, o sistema completa o processo de controlo, digitaliza os dados e recolhe as impressões digitais com um scanner biométrico, capta as imagens, verifica-as e liberta-as ("NBI Biometrics Centers Expand", 2012).

Estudos relacionados

No estudo **"Biometric thumb locking", verificou-se que** a nova tecnologia proporcionava às pessoas materiais mais interessantes e um sistema desenvolvido. O estudo analisou um método automatizado de reconhecimento de uma pessoa com base em características físicas e comportamentais. Este estudo mostrou como a tecnologia biométrica se tornou a base para uma vasta coleção de resultados de identificação e verificação pessoal altamente seguros. O autor concluiu que a biometria promete uma autenticação rápida, fácil de utilizar, precisa, fiável e económica para uma multiplicidade de aplicações.

Peronilla (2000) desenvolveu o **"Voice Authentication Crediting System: uma alternativa segura aos cartões de crédito"**. Este sistema biométrico era mais seguro do que o atual sistema de cartões bancários. Segundo eles, as transacções são a parte mais importante dos cartões bancários. Com um sistema biométrico, é fácil determinar quem está a efetuar a transação.

O estudo de San Juan (2003) intitulado **"Tecnologias de conetividade de bases de dados: A Comparative Evaluation"** **(Avaliação comparativa)** analisou a avaliação comparativa de tecnologias de conetividade de bases de dados (DCT) altamente programáveis e orientadas para objectos, a fim de criar uma aplicação baseada em bases de dados adequada e eficiente para o problema em questão. Estas incluem os Objectos de Acesso a Dados (DAO), os Objectos de Dados Remotos (RDO) e os Objectos de Dados ActiveX (ADO). Para este estudo, o investigador utilizou métodos descritivos e experimentais.

O estudo de Indico, Lanciso e Vargas (2013), intitulado **"Mobile Monitoring and Inquiry System Using Fingerprint Biometrics and SMS Technology", tinha como objetivo** monitorizar a assiduidade das crianças em idade pré-escolar enquanto estavam na escola, o que era benéfico para os pais que trabalham. A função do sistema consistia em enviar automaticamente uma mensagem de alerta aos pais/encarregados de educação quando os alunos entravam ou saíam do sistema. O sistema proporcionava um método cómodo, económico e fiável de controlar, identificar e/ou verificar os utilizadores, uma vez que não exigia a memorização de um crachá ou de uma palavra-passe. Consequentemente, o sistema pode ser utilizado por outros grupos de alunos em função das necessidades de controlo.

De acordo com o estudo de Al Mussana (2010), intitulado "**An efficient password security of multi-party Key Exchange Protocol using secret sharing based on ECDLP**", um protocolo de troca de chaves permite que um grupo de partes comunique através de uma rede pública para criar uma chave secreta comum, conhecida como chave de sessão. Devido à sua importância no estabelecimento de um canal de comunicação seguro, foram propostos ao longo dos anos vários protocolos de troca de chaves para uma grande variedade de situações. O protocolo é um modelo de autenticação por palavra-passe que assume que os membros do grupo têm uma palavra-passe individual em vez de uma palavra-passe comum. A análise do desempenho do protocolo proposto mostra que este é adequado para um ambiente móvel.

No estudo de Lay e Yun-Long (2013) "**Implementation and Use of Feasibility Assessment of Biometric Locker System for Swimmers**", foi implementado um cacifo biométrico com reconhecimento de impressões digitais para proteger os pertences dos nadadores dentro do cacifo. O sistema registava a impressão digital do utilizador e exigia uma correspondência de impressões digitais para reabrir a porta do cacifo, assegurando que apenas o inquilino podia abrir a porta do cacifo para retirar o conteúdo. O sistema não requer uma chave e aumentou a segurança dos pertences dos nadadores. Como parte do estudo, o processo de implementação do sistema e a taxa de deteção foram examinados. Os resultados mostraram que a segurança do sistema, a facilidade de utilização do sistema, a conveniência do serviço e a satisfação pessoal influenciam separadamente a intenção de utilizar o sistema.

De acordo com **"Biometrics and Biostatistics"**, de Charnigo e Wu (2012), Biometrics and Biostatistics é uma importante revista científica revista por pares, que promove o acesso aberto à publicação nas principais revistas científicas da sociedade científica. Este facto tem ajudado a promover a utilização de métodos estatísticos na resolução de problemas biológicos. O Journal of Biometrics and Biostatistics é uma revista académica que tem por objetivo publicar a mais completa e fiável fonte de informação sobre descobertas e desenvolvimentos actuais sob a forma de artigos originais, artigos de revisão, relatórios de casos, resumos de notícias, etc., em todas as áreas da disciplina, e disponibilizá-los gratuitamente a investigadores de todo o mundo através da Internet, sem quaisquer restrições ou subscrições adicionais.

Como Gaurav (2013) escreve no seu artigo **"HTC launches fingerprint reading One Max phablet"**, a HTC apresentou o seu mais recente phablet One Max com um leitor biométrico de impressões digitais. Tem um ecrã de 5,9 polegadas com uma resolução de 1080 pixels. Foi fabricado com um leitor biométrico de impressões digitais que, ao contrário do iPhone 5S, está localizado na parte de trás do HTC One Max, por baixo da câmara. Para além de autenticar o utilizador, o leitor de impressões digitais do One Max pode reconhecer três dedos diferentes da mesma mão e lançar automaticamente uma aplicação predefinida assim que tiver lido o dedo em questão, quer o telefone esteja bloqueado ou aberto.

O estudo de SU Leiming e Shizuo intitulado **"Extremely-Large-**

Scale Biometric Authentication System - Its Practical Implementation" (Sistema de autenticação biométrica de grande escala - a sua implementação prática), o Unique ID (UID) indiano, era um sistema de grande escala que tentava identificar os 1,2 mil milhões de habitantes da Índia através da autenticação biométrica. Como outros países também estavam a investigar a introdução de sistemas de autenticação a nível nacional, estava em curso um estudo do NEC sobre a implementação de tais sistemas. O estudo descrevia um sistema adequado para o processamento de dados biométricos extremamente volumosos.

Quadro concetual

O objetivo era desenvolver um sistema de cacifos biométricos. O projeto foi dividido em três partes: Entrada, Processo e Saída. A figura 1 ilustra o quadro concetual do estudo. As teorias e informações foram recolhidas através de uma pesquisa inicial sobre os princípios de um sistema de cacifos biométricos. O estudo centrou-se na criação de protótipos, na programação e no aperfeiçoamento do sistema de cacifos biométricos, a fim de desenvolver um dispositivo melhorado.

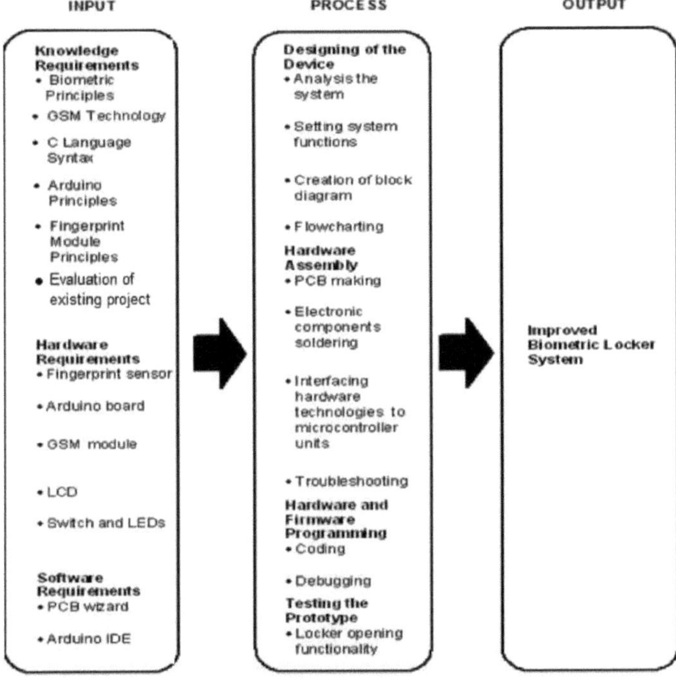

Figura 1: Quadro concetual

Pressupostos

Foram adoptadas as seguintes hipóteses para o estudo:

1. O dispositivo executa as tarefas e funções que lhe são atribuídas.

2. O cartão SIM funciona com o módulo GSM do sistema.

3. O telemóvel envia um SMS com a palavra-passe quando é encontrada uma impressão digital não reconhecida.

4. A alimentação eléctrica é suficiente para alimentar o aparelho.

5. A bateria seca pode proteger o sistema em caso de falha de energia.

Definição de termos

Corrente alternada: é uma corrente que muda constantemente de direção.

Arduino: Trata-se de uma plataforma de prototipagem eletrónica de código aberto baseada em hardware e software versáteis e fáceis de utilizar.

Escudo compatível com Arduino: refere-se a dispositivos compatíveis que podem ser ligados a uma placa Arduino, como um módulo GSM.

Bifurcação: é o local onde o dedo se divide ou se separa em dois ramos.

Binarização: este é o pré-processamento que transforma uma imagem em escala de cinzentos numa imagem binária, definindo o valor do limiar.

Biometria: a análise de características físicas únicas como meio de verificação da identidade pessoal.

Bioestatística: é o ramo da estatística que trata dos dados relativos aos organismos vivos.

Sintaxe da linguagem C: trata-se de uma linguagem de programação de uso geral.

Corrente: é o fluxo de cargas eléctricas.

Base de dados: é aqui que são armazenados dados como a impressão digital do utilizador.

Corrente contínua: é uma corrente que flui num só sentido.

Gravura química: Processo utilizado para remover o excesso de metal de uma placa de circuito impresso (PCB).

Firmware: uma combinação de software e hardware. Chips de computador nos quais são armazenados dados ou programas.

Fraude: obtido ou efectuado por engano.

GSM (Global System for Mobile communications): Trata-se de uma tecnologia digital aberta para a transmissão de serviços móveis de voz e dados.

Cartões com banda magnética: são cartões que armazenam dados numa banda magnética localizada no cartão.

Microcontrolador: é um chip altamente integrado que contém todos os componentes de um controlador, ou seja, a CPU, a RAM, as portas I/O e o temporizador.

Middleware: trata-se de software que liga duas aplicações distintas.

Minúcia: um pormenor insignificante ou pequeno num dedo.

Controlador do motor: trata-se de um controlador que gere o comportamento de um motor elétrico.

PCB Wizard: uma aplicação para criar e verificar maquetas de PCB.

Protótipo: um modelo original a partir do qual é criada uma amostra.

Engenharia inversa: a reprodução ou fabrico de um objeto semelhante.

Cume: são as linhas pretas da impressão digital e são representadas como uma parte alta ou pontiaguda.

Simulação: trata-se de simular um sistema físico.

Limiar: um ponto a partir do qual as coisas começam a mudar

Correção de erros: análise e resolução de problemas

CAPÍTULO 3

Métodos e procedimentos

Este capítulo descreve a conceção do projeto, o conceito e o desenvolvimento, o funcionamento e os procedimentos de teste implementados como parte do estudo.

Projeto de conceção de investigação

Neste estudo, utilizámos o método de investigação e desenvolvimento, que consiste em sistematizar os conceitos de um sistema existente e utilizá-los para desenvolver um novo sistema.

Outra técnica utilizada foi a prototipagem, que consiste em montar ou fazer um modelo funcional do produto. Isto foi feito para provar que o sistema funcionava. O estudo abrangeu o desenvolvimento de hardware, em que o sistema foi concebido utilizando componentes disponíveis no mercado, e o desenvolvimento de software, em que os programas foram criados utilizando linguagens de programação disponíveis para a unidade de microcontrolador.

Conceito do projeto

O estudo foi concebido na sequência de estudos preliminares dos sistemas biométricos disponíveis. Neste estudo, foi utilizado um sensor de impressões digitais para autenticar o utilizador. Este sensor analisa o dedo do utilizador e procura um padrão de saliências e depressões. A Figura 2 mostra o sensor de impressões digitais utilizado. A Figura 3 mostra os vales e as cristas numa impressão digital. O sensor analisa os vales e as cristas da impressão digital, que é depois comparada com a impressão digital do utilizador registado. São utilizados pontos negativos para a comparação.

Figura 2. Sensor de impressões digitais

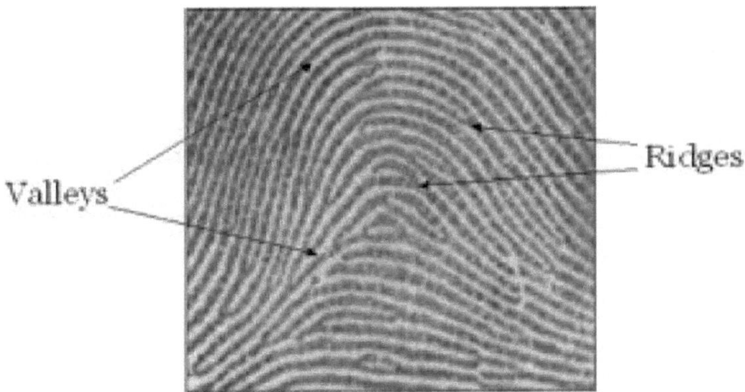

Figura 3: Imagem de uma impressão digital

Os pontos menores são onde a aresta se separa. Uma aresta pode dividir-se ou terminar; isto é conhecido como bifurcação ou terminação. De acordo com Rouse (2005), estes dois tipos de minúcias são de maior interesse para o processamento posterior.

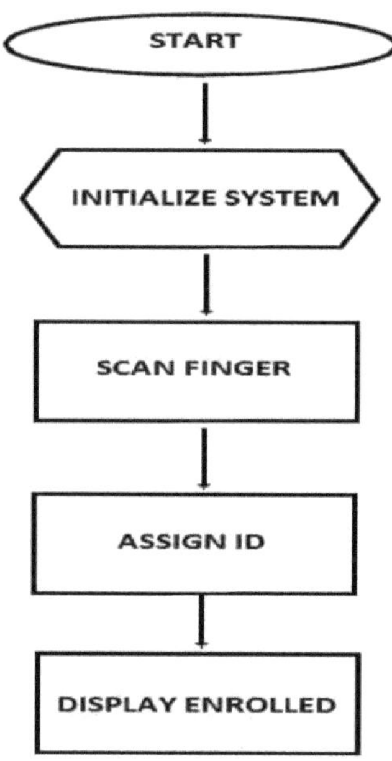

Figura 4: Fluxograma do processo de registo

A Figura 4 mostra que o sistema deve ser inicializado no arranque e reconhecer o sensor de impressões digitais. Assim que o scanner for reconhecido, a mensagem "Sensor detected" (Sensor detectado) deve aparecer no ecrã LCD.

O sistema tem de pedir ao utilizador que passe o dedo e atribuir-lhe um número de identificação. Uma vez captada a imagem, o sistema converte-a em códigos binários e pede ao utilizador que volte a passar o dedo. Assim que o dedo corresponder à primeira imagem, o ecrã LCD deve apresentar a mensagem "Armazenado".

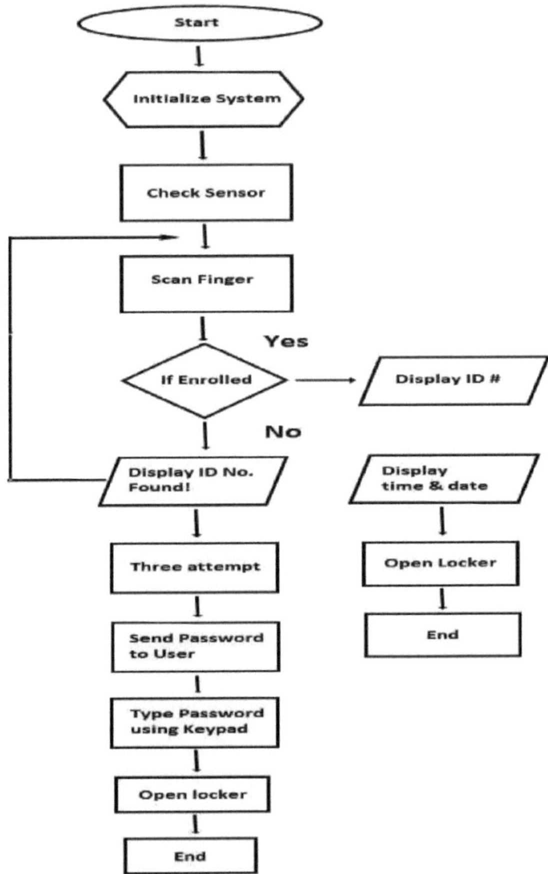

Figura 5 Fluxograma do funcionamento normal

A figura 5 mostra o diagrama de funcionamento normal, que representa a função principal do sistema. O primeiro passo consiste em inicializar o sistema e verificar se o sensor está a funcionar. O utilizador deve passar o dedo armazenado para abrir o cacifo. Assim que coincidir com a imagem registada, o ecrã LCD apresenta o número de identificação, a hora e a data, e a porta devo abrir-se. Se a impressão digital não for reconhecida, o sistema envia um SMS ao utilizador que abriu o cacifo.

A figura 6 mostra o diagrama funcional do sistema biométrico. Cada componente é classificado de acordo com a sua função.

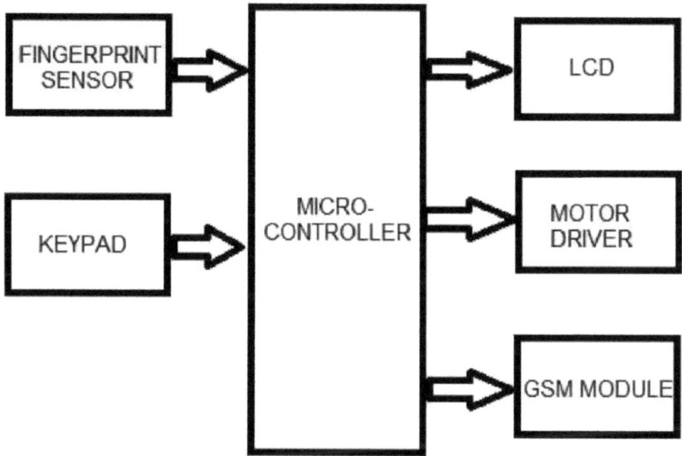

Figure 6. System Block Diagram

Cada componente do bloco tem a sua própria função; os componentes de entrada são o sensor de impressões digitais e o teclado. Estes dois componentes são independentes um do outro; o teclado só funciona se o leitor de impressões digitais não tiver reconhecido a impressão digital.

A segunda parte do diagrama de blocos é o microcontrolador, ou seja, a placa Arduino. Este é o centro de controlo ou a cabeça do sistema. O microcontrolador tem a capacidade de ligar todos os outros componentes do sistema. Os outros componentes comunicam e trabalham em conjunto graças ao sistema de microcontrolador.

Por último, existem os componentes de saída, que mostram o efeito dos componentes de entrada na unidade de microcontrolador. Os componentes de saída incluem o ecrã LCD, o acionador do motor e o módulo GSM. O ecrã LCD mostra se a impressão digital foi ou não reconhecida. Se a impressão digital ou a palavra-passe forem válidas, o microcontrolador envia um sinal ao acionador do motor, que abre o cacifo. Em caso de autenticação não autorizada, o microcontrolador envia um sinal para o módulo GSM e este envia uma mensagem com a palavra-passe gerada automaticamente para o utilizador do cacifo.

Desenvolvimento de projectos

O desenvolvimento de projectos divide-se em duas partes: desenvolvimento de hardware e desenvolvimento de software. O desenvolvimento do hardware envolve a conceção e a montagem do hardware, enquanto o desenvolvimento do software envolve o desenvolvimento de programas e o teste do projeto.

1. Desenvolvimento de hardware

Foram realizadas as seguintes actividades:

1.1.   Conceção e construção de um circuito impresso para um sensor de impressões digitais.

Este objetivo foi alcançado através das seguintes actividades parciais:

      1.1.1. Conceção de PCB com o PCB Wizard

      1.1.2. Gravação de circuitos impressos para obter um desenho de circuito

      1.1.3. Componentes de soldadura

      1.1.4. testes de ligação para garantir que todos os componentes estão corretamente ligados

1.2.   Montar o hardware e ligar os periféricos às unidades de microcontroladores utilizando as seguintes subactividades:

      1.2.1. Atribuição dos pinos do microcontrolador para o sensor de impressões digitais, o módulo GSM e o ecrã LCD

1.2.2. Resolução de problemas de ligações e testes de hardware

2. Desenvolvimento de software

Este objetivo foi alcançado através das seguintes actividades:

2.1. Desenvolvimento de software com o Arduino IDE 1.0 que digitaliza a impressão digital a partir do sensor, regista estes padrões no sistema e envia uma mensagem de texto com a palavra-passe quando uma impressão digital não é reconhecida.

2.1.1. Criação de códigos capazes de executar as seguintes funções do sistema:

a. Digitalizar as impressões digitais do polegar e do indicador e registar estes modelos num sistema de base de dados

b. A impressão digital reconhecida é armazenada num sistema de base de dados e desbloqueia o cacifo.

c. Definir a resposta de dados do Arduino para a qual o microcontrolador pode ativar o módulo GSM para enviar mensagens de texto

d. Envia uma mensagem de texto com uma palavra-passe gerada automaticamente se for detectada uma impressão digital não autorizada.

2.1.2. Consolidação dos programas desenvolvidos num único código fonte

2.1.3. Teste e simulação de software

2.1.4. Resolução de problemas

Funcionamento e métodos de ensaio

Para garantir uma ligação contínua no sistema, foi utilizado um multitester. Para determinar se tinham sido feitas ligações incorrectas, o multitester foi colocado no teste de continuidade. Durante o teste de continuidade, normalmente é emitido um sinal sonoro quando dois pontos do circuito são ligados entre si, indicando um curto-circuito.

Para as shields compatíveis com o Arduino, como o GSM, o sensor de impressões digitais e o ecrã LCD, foram utilizados os programas de desenvolvimento instalados no Arduino para verificar a funcionalidade dessas shields. Estes programas foram compilados utilizando o compilador incorporado no Arduino IDE 1.0 e testados utilizando o monitor de série do software.

O protótipo era alimentado por um adaptador de 12 volts. Assim que a luz de fundo do ecrã LCD era activada e aparecia uma mensagem, isso indicava que o ecrã LCD estava a funcionar. Para registar as impressões digitais no sistema, o utilizador passava o polegar e o indicador sobre o scanner e o ecrã LCD apresentava uma mensagem a pedir o número de telemóvel do utilizador. Uma vez introduzido o número de telemóvel, o microcontrolador guardava a informação na sua base de dados. Ao iniciar a sessão, o utilizador passava o dedo, que o microcontrolador localizava e comparava com os pontos da base de dados. Se o ponto da impressão digital do utilizador coincidir com o ponto da base de dados, o utilizador pode abrir o cacifo. Se o microcontrolador rejeitar a impressão digital pela terceira vez, é enviado um SMS ao utilizador com a palavra-passe gerada automaticamente. A palavra-passe só foi utilizada uma vez para abrir o cacifo.

Exame de avaliação

A avaliação do protótipo baseou-se no facto de este cumprir as funções que lhe foram atribuídas. O dispositivo foi testado e desempenha as seguintes funções:

1. Foram encontradas quatro impressões digitais: o polegar esquerdo, o polegar direito, o indicador direito e o indicador esquerdo.
2. Cacifo desbloqueado por impressão digital ou palavra-passe.
3. Envia uma mensagem de texto com a palavra-passe quando é detectada uma impressão digital não autorizada.
4. Funciona como uma bateria de reserva em caso de falha de energia.

Procedimento de avaliação

Para testar e verificar o correto funcionamento dos componentes utilizados no aparelho, foram implementados os seguintes procedimentos.

1. Testar o leitor de impressões digitais.

O scanner de impressões digitais deve ser capaz de identificar e fazer corresponder cada ponto do dedo e registar a impressão digital na base de dados do sistema, que, uma vez autenticada, será utilizada para desbloquear o cacifo.

2. Testar o teclado.

O teclado deve ser capaz de identificar corretamente os números correspondentes à tecla premida e apresentar o número no ecrã LCD. Se a palavra-passe gerada automaticamente estiver correcta, a porta será desbloqueada. No entanto, se a palavra-passe estiver incorrecta, aparecerá no ecrã LCD a mensagem "ERRO, por favor tente novamente".

3. Teste o módulo GSM do Arduino.

O módulo GSM deve ser capaz de reconhecer o sinal do cartão SIM e o número armazenado na base de dados deve ser capaz de receber a mensagem enviada pelo módulo GSM.

4. Verificar se o ecrã LCD está a funcionar.

Assim que o ecrã LCD foi ligado à saída de 5 volts do Arduino, a sua luz de fundo foi activada, confirmando que o ecrã LCD estava a funcionar. O LCD também mostrava "ERROR please try again" (ERRO, por favor tente novamente) se fosse detectada uma impressão digital não reconhecida ou se tivesse sido introduzida uma palavra-passe incorrecta.

5. Testar a bateria de reserva.

Era necessária uma bateria de reserva em caso de falha de energia. Para garantir o seu correto funcionamento, tinha de fornecer a energia adequada de que todo o sistema necessitava para funcionar.

CAPÍTULO 4

Resultados e discussão

Este capítulo examina os resultados do estudo. As interpretações dos resultados baseiam-se no desempenho efetivo do sistema.

Descrição técnica do projeto

O desenvolvimento de um sistema de cacifo biométrico baseado num microcontrolador SMS é um protótipo que garante a segurança através da autenticação por impressão digital.

O dispositivo tem uma função adicional que envia uma mensagem ao proprietário do cacifo quando é detectada uma impressão digital não autorizada. O aparelho também apresenta mensagens no ecrã LCD para tornar o sistema mais cómodo para o utilizador. Para aumentar a segurança do cacifo, se a impressão digital não for reconhecida, o dispositivo envia ao proprietário do cacifo uma mensagem de texto com a palavra-passe para desbloquear o cacifo; esta operação pode ser efectuada através do teclado integrado.

Estrutura/organização do projeto

Esta secção apresenta a configuração e a funcionalidade do sistema. Mostra o resultado atual do processo de desenvolvimento da investigação.

A figura 7 mostra a estrutura do sistema de cacifo biométrico baseado no microcontrolador SMS. Mostra como o sistema funciona, desde a entrada de informação através do ecrã LCD até à sua saída e processamento.

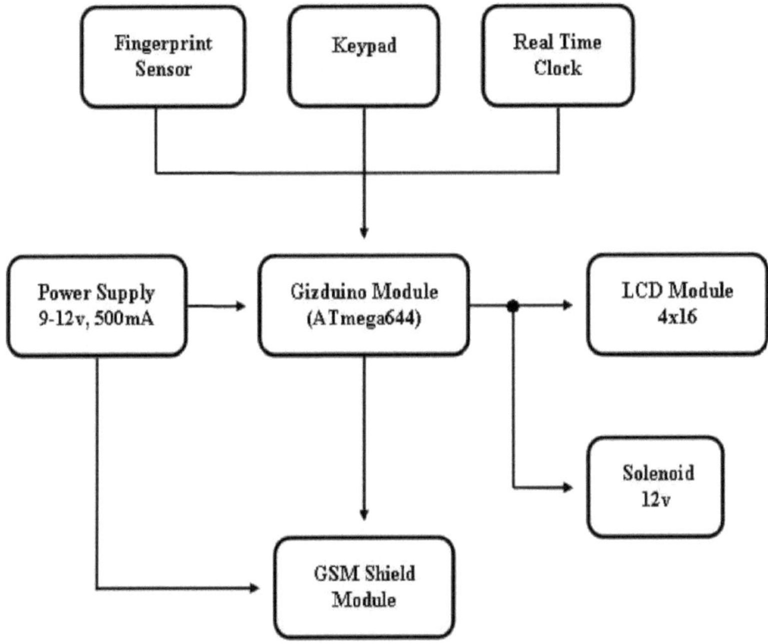

Figura 7: Estrutura do projeto

Quando o Gizduino é ligado, verifica a PSTN, o módulo GSM e o sensor de impressões digitais. Quando um dedo é colocado no sensor, o cacifo é desbloqueado, mas se o modelo de dedo detectado não corresponder ao dedo na base de dados, é automaticamente enviada uma mensagem de texto ao proprietário.

Conceção de circuitos de hardware

No Gizduino Plus, foram utilizados 2 pinos digitais para o sensor de impressões digitais, 6 pinos digitais para o ecrã LCD e dois para o relógio RTC, 8 pinos digitais para o teclado e 2 pinos digitais para o módulo GSM.

Tabela 1: Conectores de pinos analógicos do Gizduino Plus Atmel 644

Gizduino spit	Descrição	Ligação
5V	O microcontrolador pode fornecer um potencial de 5 volts, que pode ser utilizado para alimentar outros periféricos.	- Fonte de alimentação para o relógio em tempo real, fonte de alimentação principal do LCD e iluminação de fundo
GND		
3V	O microcontrolador pode fornecer um potencial de 3 volts, que pode ser utilizado para alimentar outros periféricos.	- Fornecimento de scanners de impressões digitais
GND		

Table 1 mostra a configuração dos pinos analógicos na placa Gizduino Plus. A alimentação de 5 volts do microcontrolador foi utilizada para alimentar o ecrã LCD 2x16 e a alimentação de 3 volts foi utilizada para alimentar o leitor de impressões digitais.

Tabela 2: Ligações dos pinos digitais do Gizduino Atmega 644 ao relógio RTC

Gizduino spit	Descrição	Ligação
D24	Pino de E/S digital utilizado como entrada.	- SCL o RTC
D25	Pino de E/S digital utilizado como entrada.	- RTC SDA

Table 2 mostra as ligações dos pinos digitais do Gizduino Plus ao RTC. O pino 25 foi utilizado para obter dados do sistema, enquanto o pino 24 foi utilizado para obter dados do sistema.

Table 3 Relógio . A data e a hora actuais são registadas pelo relógio em tempo real e actualizadas automaticamente, mesmo que o sistema esteja desligado.

Tabela 3. pinos digitais Ligações do Gizduino Atmega 644 ao ecrã LCD 2x16

Gizduino spit	Descrição	Ligação
D26	Pino de E/S digital utilizado como uma saída.	- RS ou pino 4 do ecrã LCD 2x16
D27	Pino de E/S digital utilizado como uma saída.	- Sinal de ativação ou pino 6 do ecrã LCD 2x16
D28	Pino de E/S digital utilizado como uma saída.	- Pino 11 do ecrã LCD 2x16
D29	Pino de E/S digital utilizado como uma saída.	- Pino 12 do ecrã LCD 2x16
D30	Pino de E/S digital utilizado como uma saída.	- Pino 13 do ecrã LCD 2x16
D31	Pino de E/S digital utilizado como uma saída.	- Pino 14 do ecrã LCD 2x16

Table 4 mostra os pinos utilizados para ligar o GIzduino Plus ao ecrã LCD 2x16. Foram utilizados seis pinos digitais. Os pinos digitais 26 e 27 foram ligados aos pinos Enable e RS. Os pinos digitais 28, 29, 30 e 31 foram utilizados para a comunicação de dados entre o Gizduino Plus e o ecrã LCD.

Table 5 Pinos digitais Ligação do Gizduino 644 ao sensor de impressões digitais

Gizduino spit	Descrição	Ligação

D2	Pino de E/S digital utilizado como entrada para o scanner de impressões digitais	- Cabo vermelho do leitor de impressões digitais
D3	Pino de E/S digital utilizado como entrada para o scanner de impressões digitais	- Cabo verde do leitor de impressões digitais

A Tabela 4 mostra como ligar o Gizduino Plus ao leitor de impressões digitais. O cabo verde do leitor de impressões digitais foi utilizado para ligar ao recetor do cartão e o cabo branco foi utilizado para ligar ao transmissor.

Tabela 5: Pinos digitais Ligação do Gizduino 644 ao módulo GSM

Gizduino spit	Descrição	Ligação
D4	Pino de E/S digital como saída e porta de comunicação para GSM	- Pino RX do módulo GSM
D5	Pino de E/S digital como saída e porta de comunicação para GSM	- Pino TX do módulo GSM

A Tabela 5 mostra os pinos utilizados para ligar o Gizduino Plus ao módulo GSM. O pino digital 4 foi utilizado para ligar ao recetor do módulo GSM e o pino digital 5 foi utilizado para ligar ao transmissor.

Tabela 6. Pinos digitais que ligam o Gizduino 644 ao teclado 4x4

Gizduino spit	Descrição	Ligação
D6	Pino de E/S digital utilizado como entrada	- Lápis de linhas de teclado
D7	Pino de E/S digital utilizado como entrada	- Lápis de linhas de teclado

D8	Pino de E/S digital utilizado como entrada	- Lápis de linhas de teclado
D9	Pino de E/S digital utilizado como entrada	- Lápis de linhas de teclado
D10	Pino de E/S digital utilizado como entrada	- Lápis de coluna do teclado
D11	E/S digital utilizada como pino de entrada	- Lápis de coluna do teclado
D12	Pino de E/S digital utilizado como entrada	- Pino de coluna do teclado
D13	Pino de E/S digital utilizado como entrada	- Lápis de coluna do teclado

Table 6   mostra a ligação entre o Gizduino Plus e o teclado.

Figura 8: Ligações reais do sistema

A figura 8 mostra as ligações efectivas do hardware. Os pinos digitais foram ligados por tomadas às tomadas e o coroa DC foi utilizado para a ligação à alimentação das placas.

Projeto de firmware

O firmware foi desenvolvido utilizando o IDE Arduino. A linguagem C foi utilizada para programar o microcontrolador.

Versão 1 (ecrã LCD)

Figura 9: Verificação do sensor

Figura 10. Leitor de impressões digitais

Na Figura 9, pode ver que o sistema testa o sensor de impressões digitais no arranque e apresenta o "teste do dedo". Se o sistema tiver detectado o scanner (Figura

8), a mensagem "Sensor found" (sensor encontrado) aparecerá no ecrã LCD (ver Figura 10).

Figura 11. Correspondência com o teste de impressões digitais

Na figura 11, o ecrã LCD apresenta "Scan Finger|" (Digitalizar dedo|) depois de o sensor ter sido ativado. Se o sensor tiver encontrado uma impressão digital registada, aparece a mensagem "Found ID no. (Figura 11) e se tiver efectuado a leitura de uma impressão digital não reconhecida, aparéce a mensagem "ID not found. Tentar novamente".

Desenho 2 (leitura de impressões digitais)

Figura 12. Leitura da impressão digital

A figura 12 mostra a captura efectiva da impressão digital, que não foi registada no sistema real por razões de segurança; a captura pode ser efectuada utilizando um dispositivo de terceiros ao qual apenas o administrador tem acesso.

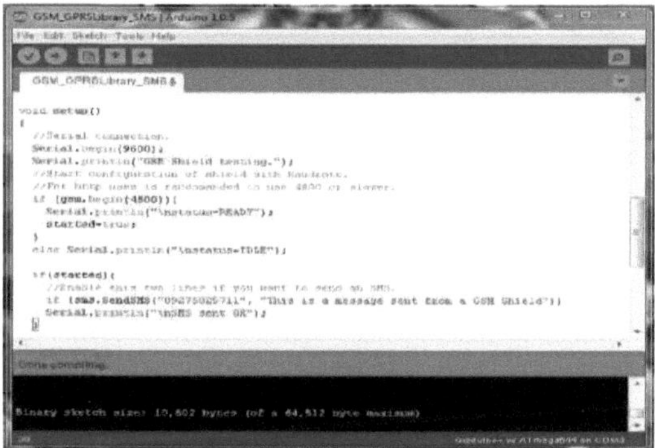

Figura 13. Programação do módulo GSM

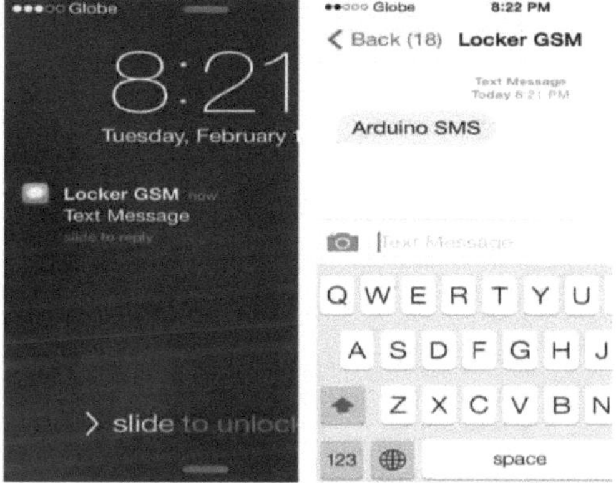

Figura 14. Controlo do módulo GSM

A figura 13 mostra o programa GSM que permite a utilização do telemóvel

número do destinatário e a mensagem a enviar. A figura 14 representa o teste GSM. A mensagem enviada tinha de ser recebida pelo número de telemóvel indicado no programa.

Quadro 7: Lista de controlo da função

Funções	Sim	Não
- Examina o polegar e o indicador		

- Desbloqueia o cacifo com uma impressão digital autorizada		
- Envia a palavra-passe gerada automaticamente por SMS se uma impressão digital não reconhecida for detectada três vezes		
- Utiliza uma bateria de reserva em caso de falha de energia		

O quadro 7 apresenta a lista de controlo das funções atribuídas ao protótipo. O protótipo foi capaz de executar as funções que lhe foram atribuídas, tanto em termos de hardware como de software.

CAPÍTULO 5

Resumo dos resultados, conclusões e recomendações

Este capítulo contém um resumo, conclusões e recomendações para o projeto.

Resumo dos resultados

O projeto consiste no desenvolvimento de um sistema biométrico. Com base nos testes efectuados, foram obtidos os seguintes resultados:

1. Os pinos do microcontrolador foram corretamente atribuídos a todos os componentes de hardware e não houve erros entre os periféricos do microcontrolador e os outros componentes do sistema.

2. As placas de microcontroladores Atmega 644 Gizduino permitiram verificar e testar todos os componentes antes de os utilizar efetivamente. O resultado foi que todos os componentes de hardware funcionaram normalmente e de forma eficiente, aumentando o desempenho do sistema.

3. Os dados foram consistentes quando o dispositivo foi testado no mesmo local e com os mesmos cenários.

Conclusões

Os resultados do estudo permitiram tirar as seguintes conclusões

1. Os componentes são compatíveis com o sistema. O dispositivo executou corretamente as seguintes funções:

   a. As impressões digitais do polegar e do indicador foram digitalizadas e as amostras introduzidas no sistema.

b. Detectou uma ligação entre o Gizduino Atmega 644 e o módulo GSM para enviar uma mensagem de texto com uma palavra-passe gerada automaticamente quando é encontrada uma impressão digital não reconhecida.

c. Introduzir a palavra-passe utilizando o teclado.

d. A impressão digital do utilizador é corretamente reconhecida para desbloquear o cacifo.

e. Bateria de reserva.

2. Os programas criados no Arduino IDE 1.0.2 facilitaram o funcionamento do sistema.

Recomendações

Embora o projeto tenha funcionado bem, era passível de inovação e melhoria. Em particular, os apoiantes sugeriram o seguinte a futuros investigadores:

1. Adicionar um cartão SD extra ao programa para aumentar a capacidade de armazenamento da base de dados de utilizadores.

2. Adicione um código de verificação antes de o telemóvel enviar a palavra-passe ao utilizador.

3. Restaurar o sistema para futuros desenvolvimentos.

4. Adição de uma chave manual em caso de falha do sistema

Referências

Al Mussana (18 de abril de 2010). *Segurança eficiente da palavra-passe de um protocolo de troca de chaves multipartidário utilizando a partilha de segredos baseada em ECDLP.* Recuperado em 17 de outubro de 2013 de http://ieeexplore.ieee.org

Bloqueio biométrico do polegar (outubro, 2012). *StudyMode.com.* Recuperado em 17 de outubro de 2013, de http://www.studymode.com.

Acesso biométrico aos cacifos (2012). Acesso biométrico aos *cacifos.* Recuperado em 17 de outubro de 2013, de http://www.idlinksystems.com

Charnigo R., & Wu, R. (2012). *BIOMETRIA-BIOESTATÍSTICA.* Recuperado em 17 de outubro de 2013, de http://www.omicsonline.org/biometrics- biostatistics.php

De Chant, T. (18 de junho de 2013). O mundo aborrecido e excitante da biometria. *Nova Next,* acedido em 15 de novembro de 2013, por http://www.pbs.org/wgbh/nova/next/tech.

Gaurav, A. (15 de outubro de 2013). HTC lança phablet One Max com leitor de impressões digitais. Recuperado em 15 de outubro de 2013 de http://www.indiatvnews.com.

Indico, M. H., Lanciso, L. H., & Vargas, A. L. (2013). *Sistema de vigilância e interrogatório móvel utilizando impressões digitais biométricas e tecnologia SMS*. Universidade Estadual do Partido.

Jole, R. (2012). Executivo da MOA Arena "chocado" com o roubo dos balneários da Meralco, promete investigação. *Inter Aksyon*. Recuperado em 15 de novembro de 2013 de http://www.interaksyon.com/interaktv.

Kirschner, K. (27 de outubro de 2013). Roubo de vestiário durante jogo de futebol. *Indiana's News Leader*, acedido a 15 de novembro de 2013, via http://www.wthr.com/story/23799202/2013/10/27.

Kunakornpaiboonsiri, T. (11 de março de 2013). As Filipinas vão utilizar a biometria para a documentação dos viajantes. *Asia Pacific Futuregov,* acedido em 18 de outubro de 2013 por http://www.futuregov.asia.

Lay, Yun-Long (30 de agosto de 2013). Implementação *e utilização da avaliação de viabilidade do sistema de bloqueio biométrico para nadadores*. Recuperado em 17 de outubro de 2013, de http://www.astm.org

LEID (28 de março de 2013). LEID *apresenta cacifos controlados biometricamente*. Recuperado em 18 de outubro de 2013, de http://www.selfserviceworld.com.

Mayhew, S. (17 de outubro de 2012). Explicador: Middleware biométrico. *Biometria Atualização*, acedido em 15 de novembro de 2013, a partir de http://www.biometricupdate.com

Mayhew, S. (6 de dezembro de 2012). O que é a identificação
biométrica? *Biometric Update*, acedido em 17 de outubro de
2013, a partir de http://www.biometricupdate.com.

Mayhew, S. (23 de maio de 2013). O que é a identificação por
impressões digitais? *Biometric Update*, acedido em 17 de
outubro de 2013 em http://www.biometricupdate.com

Peronilla, R. J. (maio de 2000). *Sistema de autenticação de crédito
por voz: uma alternativa segura aos cartões de crédito. Instituto
de Estudos de Tecnologia da Informação.*

San Juan, R. C. (novembro de 2003). Tecnologias de
conetividade de bases de dados: uma avaliação comparativa.
Universidade da Cidade de Manila.

Spencer, T. (11 de junho de 2011). Expansão dos centros de
biometria do NBI. Biometric Update, acedido em 17 de outubro
de 2013 em http://www.biometricupdate.com.

SU Leiming, SAKAMOTO Shizuo. *Sistema de autenticação biométrica
em muito grande escala - a sua aplicação* prática. Recuperado
em 18 de outubro de 2013, de
http://www.nec.com/en/global/techrep/journal/g12/n02/pdf/12021
2.pdf

Ravi, J., Raja, K. B., & Venugopal, K.R. (2009). *Fingerprint recognition
with Minutia Score Matching. International Journal of
Engineering Science and Technology*, acedido em 29 de
novembro de 2013, a partir de http://arxiv.org/ftp/arxiv/paper

O conselho editorial. (20 de setembro de 2013). A tecnologia biométrica está a parar. *The New York Times,* acedido em 17 de outubro de 2013, de http://www.nytimes.com.

O que é a biometria. (2013). O que *é a biometria*? Acedido em 15 de novembro de 2013,
de http://www.easyclocking.com/what_is_biometrics.html

APÊNDICES

Apêndice A: Códigos de programa para o Gizduino+ 644

```
// Introduzir o código da biblioteca :
#include "SIM900.h
#include "Keypad.h" (teclado numérico)
#include <SoftwareSerial.h>
#include <LiquidCrystal.h>
#include <Adafruit_Fingerprint.h>
#se ARDUINO >= 100
#include <SoftwareSerial.h>
#se
#include <NewSoftSerial.h>
#endif
#include <Wire.h>
#include "RTClib.h
#include "sms.h

// Inicializa a biblioteca com os números dos pinos da interface
LiquidCrystal lcd(26, 27, 28, 29, 30, 31) ;

int getFingerprintIDez() ;

// O pino #2 é IN do sensor (fio VERDE)
// O pino #3 é OUT no Arduino (cabo BRANCO)
#se ARDUINO >= 100

SoftwareSerial mySerial(2, 3) ;
#se
```

```cpp
NewSoftSerial mySerial(2, 3) ;
#endif

Adafruit_Fingerprint finger = Adafruit_Fingerprint(&mySerial) ;

RTC_Millis RTC ;
int solenoidPin = 23 ;
SMSGSM sms ;
int numdata ;
boolean started=false ;
char smsbuffer[160] ;
char n[20] ;
long randNumber ;                              // a variável que
que deve conter o número aleatório
const int analogOutPin = 6 ;

void setup() {
  // determinar o número de colunas e linhas no ecrã LCD :
  lcd.begin(16, 2) ;
  // Imprimir uma mensagem no ecrã LCD.
  Serial.begin(9600) ;
  Wire.begin() ;
  {
    // A linha seguinte define o relógio de tempo real para a data e hora
    em que este sketch foi compilado RTC.begin(DateTime(__DATE__,
    __TIME__)) ;

  lcd.print("teste do dedo") ;
  atraso(1000) ;
    finger.begin(57600) ;
```

```
se (finger.verifyPassword()){ lcd.begin(16, 2) ;
  lcd.print("Sensor encontrado!") ;
  atraso(1000) ;
  }
  caso contrário {
 lcd.begin(16, 2) ;
  lcd.print("Não detectado") ;

  durante (1) ;
 }
 lcd.begin(16, 2) ;
 lcd.print("Ler com o dedo") ;
 atraso(1000) ;
 {
 pinMode(solenoidPin, OUTPUT) ;
}
{
  Serial.begin(9600) ;
  randomSeed(analogRead(0)) ;
}
}
void loop() { lcd.display() ; delay(500) ; getFingerprintIDez() ; time() ;

}

void time()
{
  DateTime now = RTC.now() ; lcd.clear() ;
   lcd.setCursor(0,0) ; lcd.print(now.month(), DEC) ; lcd.print('/') ;
   lcd.print(now.day(), DEC) ; lcd.print('/') ;
```

```cpp
lcd.print(now.year(), DEC) ; lcd.setCursor(0,1) ;
lcd.print(now.hour(), DEC) ; lcd.print(':') ;
lcd.print(now.minute(), DEC) ; lcd.print(':') ;
lcd.print(now.second(), DEC) ;

uint8_t getFingerprintID() {
uint8_t p = finger.getImage() ;
switch (p) {
  FINGERPRINT_OK case :
    lcd.begin(16, 2) ;
    lcd.print("Imagem capturada") ;
    Pausa ;
  Caixa FINGERPRINT_NOFINGER :
  lcd.begin(16, 2) ;
    lcd.print("Não foi detectado nenhum dedo") ;
    voltar à p ;
  Case FINGERPRINT_PACKETRECIEVEERR :
  lcd.begin(16, 2) ;
    lcd.print("Erro de comunicação") ;
    voltar à p ;
  FINGERPRINT_IMAGEFAIL case :
  lcd.begin(16, 2) ;
    lcd.print("Erro de imagem") ;
    voltar à p ;
  Norma :
  lcd.begin(16, 2) ;
    lcd.print("Erro desconhecido") ;
    voltar à p ;
}
// OK Sucesso!
```

```
p = finger.image2Tz() ;
switch (p) {
 FINGERPRINT_OK case :
 lcd.begin(16, 2) ;
  lcd.print("Imagem convertida") ;
   Pausa ;
 Caso FINGERPRINT_IMAGEMESS :
 lcd.begin(16, 2) ;

 lcd.print("Imagem demasiado confusa") ;
 voltar à p ;
 case FINGERPRINT_PACKETRECIEVEERR : lcd.begin(16, 2) ;
  lcd.print("Erro de comunicação") ;
  voltar à p ;
 FINGERPRINT_FEATUREFAIL case :
 lcd.begin(16, 2) ;
  lcd.print("Não foi possível encontrar quaisquer características de
  impressões digitais"); return p ;
 case FINGERPRINT_INVALIDIMAGE :
 lcd.begin(16, 2) ;
  lcd.print("Não foi possível encontrar quaisquer características de
  impressões digitais"); return p ;
 Norma :
 lcd.begin(16, 2) ;
  lcd.print("Erro desconhecido") ;
  voltar à p ;


// OK converter!
p = finger.fingerFastSearch() ;
se (p == FINGERPRINT_OK) { lcd.begin(16, 2) ;
```

```
    lcd.print("Foi encontrada uma correspondência na impressão!)
  } else if (p == FINGERPRINT_PACKETRECIEVEERR) {
    lcd.begin(16, 2) ;
    lcd.print("Erro de comunicação") ;
    voltar à p ;
  } else if (p == FINGERPRINT_NOTFOUND) { lcd.begin(16, 2) ;
    lcd.print("Não foi encontrada nenhuma correspondência") ;
    voltar à p ;
  caso contrário {
    lcd.begin(16, 2) ;
    lcd.print("Erro desconhecido") ; return p ;
  }

  // uma correspondência encontrada!

  lcd.begin(16, 2) ;
  lcd.print("ID encontrado #") ; lcd.print(finger.fingerID) ;
  atraso(500) ;

// devolve -1 se falhar, caso contrário ID # int ii=0 ;
char a ;
int getFingerprintIDez() {

  uint8_t p = finger.getImage() ;
  se (p != FINGERPRINT_OK) return -1 ;

  p = finger.image2Tz() ;
  se (p != FINGERPRINT_OK) return -1 ;

  p = finger.fingerFastSearch() ;
```

```
se (p != FINGERPRINT_OK)

 se(ii<3)
 {
 lcd.begin(16, 2) ;
 lcd.setCursor(0,0) ;
 lcd.print("ID NÃO ENCONTRADO !") ;
 lcd.setCursor(0,1) ;
 lcd.print("Tenta de novo!") ;
 Prazo (2000) ;
 }
 caso contrário, se(ii>=3)
 {
 lcd.begin(16, 2) ;
 lcd.setCursor(0,0) ;
 a=lcd.print("NOT VALID") ;
 Prazo (2000) ;

 for(int x=1000; x<=9999; x++)

 randNumber = random(9999) ; número           // criar um
aleatório
 Serial.println(numberRand) ;
Número na porta de série          // Enviar a carta aleatória
 analogWrite(analogOutPin, randNumber) ;
 atraso(1000) ;
  se (a)
  {
   if (sms.SendSMS("09176206149", "Password"),randNumber) ;
   Serial.println("SMS enviado OK") ;
```

```
//se (gsm.begin(2400)){
// Serial.println("status=READY") ;
// started=true ;
//}
//caso contrário Serial.println("status=IDLE") ;
// if(started){
/Ativa estas duas linhas se quiseres enviar um SMS.
// se (sms.SendSMS("09176206149", "Password"),randNumber) ;
// Serial.println("SMS enviado OK") ;



ii=ii+1 ;
            ou

// uma correspondência encontrada!
lcd.begin(16, 2) ;
lcd.print("ID encontrado #") ; lcd.print(finger.fingerID) ;
atraso(1000) ;
ii=0 ;



digitalWrite(solenoidPin, HIGH); // ativa o solenoide delay(2500) ;
                            // espera um segundo
digitalWrite(solenoidPin, LOW); // desactiva o solenoide delay(2500) ;
```

Printed by Books on Demand GmbH, Norderstedt / Germany